Michael Berger

Funktionen der örtlichen Bauaufsicht

Dokument Nr. V173670 aus dem GRIN Verlagsprogramm

Michael Berger

Funktionen der örtlichen Bauaufsicht

GRIN Verlag

Bibliografische Information der Deutschen Nationalbibliothek: Die Deutsche Bibliothek verzeichnet diese Publikation in der Deutschen Nationalbibliografie; detaillierte bibliografische Daten sind im Internet über http://dnb.d-nb.de/ abrufbar.

1. Auflage 2009

http://www.grin.com/
Druck und Bindung: Books on Demand GmbH, Norderstedt Germany
ISBN 978-3-640-93951-0

BAKKALAUREATSARBEIT

Funktionen der Örtlichen Bauaufsicht

ausgeführt zum Zwecke der Erlangung des akademischen Grades eines Bachelor of Science

am

Institut für interdisziplinäres Bauprozessmanagement

eingereicht an der Technischen Universität Wien
Fakultät für Bauingenieurwesen

von

Michael Berger

Wien, September 2009

Inhaltsverzeichnis

Funktionen der Örtlichen Bauaufsicht

Michael Berger

Kurzfassung: Die vorliegende Arbeit befasst sich mit der Thematik „Örtliche Bauaufsicht". Im ersten Kapitel wird der Begriff „örtliche Bauaufsicht" ausführlich erklärt. Es folgt eine Erklärung der gesetzlichen Einschränkungen sowie eine Betrachtung des Prozesses „Beschaffung von ÖBA Leistungen". Mit dem Vergleich der unterschiedlichen Organisationsformen und einer Aufstellung von Projektphasen endet das erste Kapitel.

Im Zweiten Teil der Arbeit wird das Leistungsbild einer örtlichen Bauaufsicht erklärt. Dabei erfolgt eine Betrachtung nach dem Leitfaden zur Kostenschätzung von Planungsleistungen und nach dem Leistungsbild Architektur.

Im Anhang befinden sich ergänzende Tabellenwerke, die das Leistungsbild einer örtlichen Bauaufsicht genau abgrenzen.

1. Allgemeine Erläuterungen zur Örtlichen Bauaufsicht

1.1 Begriffsbestimmung lt. Oberndorfer/Jodl[1]

Unter dem Begriff der örtlichen Bauaufsicht (ÖBA) versteht man die Interessensvertretung des Auftraggebers (AG) vor Ort, d.h. direkt auf der Baustelle. Einschließlich der Ausübung des Hausrechtes auf der Baustelle durch die Überwachung auf vertragsgemäße Herstellung des Werkes stellt die ÖBA eine zentrale Schnittstelle zischen AG und Auftragnehmer (AN) dar. Im Detail können die Aufgabenbereiche der ÖBA wie folgt beschrieben werden:

- Örtliche Überwachung der Herstellung des Werkes;
- Örtliche Koordinierung aller Lieferungen und Leistungen;
- Überwachung auf Übereinstimmung mit den Plänen, Angaben und Anweisungen des Planers;
- Überwachung auf Einhaltung der technischen Regeln;
- Überwachung der behördlichen Vorschreibungen und des Zeitplanes;
- Direkte Verhandlungstätigkeit mit den ausführenden Unternehmern;
- Abnahme der Leistungen und die Kontrolle der für die Abrechnung erforderlichen Aufmessungen;
- Führung des Baubuches;
- Prüfung aller Rechnungen auf Richtigkeit und Vertragsmäßigkeit;
- Schlussabnahme des Bauwerkes unmittelbar nach dessen Fertigstellung im Einvernehmen mit der Oberleitung.

[1] Vgl Oberndorfer/Jodl 2001, S.30.

Die ÖBA unterscheidet sich somit durch ihre Leistungen von der technischen, geschäftlichen und künstlerischen Oberleitung der Bauausführung sowie von der Bauführung und der Bauleitung der ausführenden Firmen.

Die ÖBA sowie die jeweilige Oberleitung der Bauausführung stellen vom Bauherren delegierbare Teilaufgaben des Projektmanagements dar. Sie können in einem Auftrag oder getrennt voneinander sowohl an staatlich befugte und beeidete Ziviltechniker sowie an Baumeister vergeben werden.[2]

1.2 Gesetzliche Einschränkungen

Da die ÖBA in der gesamten Bauabwicklungsphase, sowie in der Übergabe- und Projektabschlussphase eine große Verantwortung zu tragen hat, ist es nur staatlich befugten und beeideten Ziviltechnikern sowie einem Baumeister gestattet eine ÖBA zu stellen.

Das Ziviltechnikergesetz (ZTG) regelt diesen Sachverhalt im § 4 Abs. 1.[3]

„Ziviltechniker sind, sofern bundesgesetzlich nicht eine besondere Berechtigung gefordert wird, auf dem gesamten, von ihrer Befugnis umfassten Fachgebiet zur Erbringung von planenden, prüfenden, überwachenden, beratenden, koordinierenden, mediativen und treuhänderischen Leistungen, insbesondere zur Vornahme von Messungen, zur Erstellung von Gutachten, zur berufsmäßigen Vertretung vor Behörden und Körperschaften öffentlichen Rechts, zur organisatorischen und kommerziellen Abwicklung von Projekten, ferner zur Übernahme von Gesamtplanungsaufträgen, sofern wichtige Teile der Arbeiten dem Fachgebiet des Ziviltechnikers zukommen, berechtigt.“

Die Begriffe prüfende, überwachende und koordinierende Leistungen des Gesetzestextes stellen somit eine rechtmäßige Führung einer ÖBA durch einen Ziviltechniker sicher.

1.3 Beschaffung von ÖBA Leistungen[4]

Ähnlich den Zuschlagskriterien bei einer Ausschreibung zur Ausführung eines Werkes gibt es auch Zuschlagskriterien bei der Vergabe der ÖBA. Wobei aber bei der Beschaffung einer ÖBA Leistung, der Preis nicht die alleinige Schlüsselrolle im Vergabeverfahren spielt. Üblicherweise werden zur Bestbieterbestimmung die Kriterien „Preis“ und „Qualität“ in einem ausgewogenen Verhältnis gewichtet. Übliche Gewichtungen sind hier 50:50 oder 40:60. Besonderes Augenmerk wird dabei auf das Schlüsselpersonal gelegt, welche bereits bei den Eignungskriterien durch eine namentliche Nennung (ÖBA-Leiter, Leiter-Stv, ...) aufscheinen. Spezifische Berufserfahrung sowie Erfahrungen mit Referenzprojekten stehen bei der ÖBA-Bestellung klar im Vordergrund. Die projektbezogenen Fachkenntnisse der Führungskräfte werden oft im Rahmen eines Hearings und unter Anwesenheit externer Kommissionsmitglieder einer genaueren Überprüfung unterzogen.

Im Zuge eines solchen Hearings können neben den Hard Skills auch die sogenannten Soft Skills ansatzweise erfasst werden. Das Auftreten des Schlüsselpersonals als Team, die Kommunikationsfähigkeit, Stressresistenz und interdisziplinäres Denken werden somit auf die Probe gestellt.

---

[2] Vgl Stempkowski, Mühlbacher, Rosenberger 2006, S.4.

[3] Ziviltechnikergesetz 1993, S.1.

[4] Vgl Lechner, Heck, Tagungsband 2009, Artikel Bauer 2009, S.17.

1.4 Organisationsformen der Örtlichen Bauaufsicht

Die nun folgenden Organisationsformen beziehen sich auf ein fiktives Diskussionsprojekt aus dem Hochbau mit einer Projektsumme von € 250 Mio. und einer Baustellenlaufzeit von 50 Monaten.

1.4.1 Hierarchische Organisation[5]

Die hierarchische Organisation einer ÖBA für das Diskussionsprojekt umfasst:

- 1 Oberbauleiter sowie 1 Stellvertreter
- 2 Bauleiter
- 1-3 Abrechner
- Je 1 für Qualitätsmanagement, Kosten- und Terminkontrolle
- 1/2 Tagessekretariat, Planverwaltung

Sowie für die technische Gebäudeausrüstung ÖBA:

- 1-3 Fachbereichsleiter SHKL
- 1-3 Fachbereichsleiter ELT und Beleuchtung

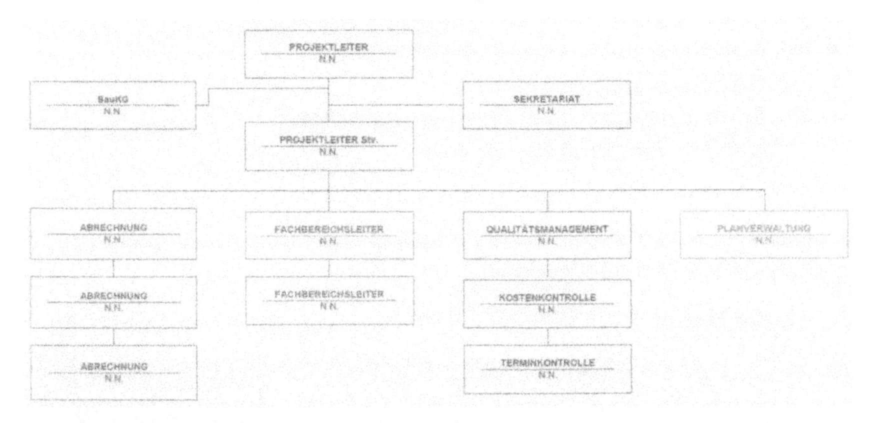

Abb. 1: Hierarchisches Organigramm einer ÖBA. Tagungsband 2009 Örtliche Bauaufsicht Objektüberwachung Firmenbauleitung, TU Graz 2009

Die Vorteile einer hierarchisch-klassischen ÖBA liegen beim klar auf der Hand. Der geringe Einsatz von Personal sowie die Person des Projektleiters (PL) als allumfassende Generalinstanz auf der Baustelle und erste Ansprechperson für Fachplaner, ausführende Unternehmen und AG sind die wesentlichen Vorteile. Auf der Seite der Nachteile steht die hohe Abhängigkeit des Projekterfolges von der Leistung des PL. Weiters erfolgt beinahe keine Ausbildung von jungen Führungskräften da der bestehende PL sein gesamtes Wissen in

[5] Vgl Lechner, Heck, Tagungsband 2009, Artikel Liebenau 2009, S.97.

sich trägt. Bei der hierarchisch-klassischen Organisation wird eine horizontale Aufgabenverteilung vorgenommen.

1.4.2 Aufgabenorientierte Organisation[6]

Der wesentliche Unterschied einer aufgabenorientierten zu einer hierarchischen ÖBA liegt in der Dezentralisierung der Bauleiterfunktionen. Es werden Abschnittsbauleiter eingesetzt die sämtliche Fragen und Aufgaben in ihrem jeweiligen Bauabschnitt übernehmen. Eine Staffelung der Bauabschnitte bewirkt eine Schaffung von Schnittstellen die wiederum gezielt Lösungsansätze bereitstellen. Diese Schnittstellen zwischen den Gewerken und innerhalb der Bauabschnitte werden von einem Abschnittsbauleiter übernommen und die auftretenden Probleme gelöst. Ein hoher personeller Mehraufwand im Gegensatz zu einer hierarchischen ÖBA ist die logische Konsequenz einer aufgabenorientierten ÖBA. Bei einer aufgabenorientierten ÖBA Organisation erfolgt die Aufgabenverteilung vertikal.

Konkret auf unser Diskussionsprojekt gliedert sich die Organisationsstruktur wie folgt:

- Übergeordnete Projektleitung
- Sekretariat und Planverwaltung
- Kostenmanagement mit untergeordneten Stellen
- Bauleitung mit untergeordneten Stellen
- Qualitätssicherung Baustelle mit untergeordneten Stellen
- Technischer Support und Buchhaltung
- Etwaige Sonderprojekte

Das sich im Anhang befindliche Organigramm zur aufgabenorientierten ÖBA zeigt, dass im Gegensatz zu einer hierarchischen Organisation mehr Personal notwendig ist. Doch bei einer funktionierenden aufgabenorientierten ÖBA wird dieser finanzielle Mehraufwand durch das Einstellen von mehr Personal durch das Wegfallen der Schnittstellen zwischen den Gewerken und durch die Zuständigkeit eines Abschnittsbauleiter für einen Abschnitt wieder kompensiert.

1.5 Projektphasen einer Örtlichen Bauaufsicht[7]

Um einen Überblick der Tätigkeiten einer ÖBA in den einzelnen Projektphasen zu geben, eignet sich das standardisierte und in der Praxis angewandte Phasenmodell der Honorarordnung – Projektsteuerung (HO-PS). Mit Hilfe dieses Modells lässt sich ein Großteil aller Planungs- und ÖBA Leistungen den einzelnen Projektphasen zuordnen. Die relevanten Meilensteine können des Weiteren als Grundlage für die Terminplanung herangezogen werden.

[6] Vgl Lechner, Heck, Tagungsband 2009, Artikel Liebenau 2009, S.97 f.
[7] Vgl Stempkowski, Mühlbacher, Rosenberger 2006, S.5.

PHASE	Tätigkeiten	Relevante Meilensteine
1 Projektvorbereitung	*für ÖBA nicht relevant*	
2 Planung	*für ÖBA nicht relevant*	
3 Ausführungs-vorbereitung	Bauüberwachung und Koordination Termin- und Kostenverfolgung Qualitätskontrolle Dokumentation	Freigabe Ausschreibung (Bekanntgabe gemäß BVergG) Vergabe der Bauleistungen
4 Ausführung	Bauüberwachung und Koordination Termin- und Kostenverfolgung Qualitätskontrolle Rechnungsprüfung Bearbeitung von Mehr- und Minderkostenforderungen Übernahme und Abnahme Mängelfeststellung und -bearbeitung Dokumentation	Baubeginn Übergabe
5 Projektabschluss	Übernahme und Abnahme Mängelfeststellung und -bearbeitung Dokumentation	Schlussrechnungslegung Ende Gewährleistung

Tab. 1: Projektphasen einer ÖBA. Leitfaden zur Kostenabschätzung von Planungsleistungen, Band 3 – Örtliche Bauaufsicht (ÖBA); Bundesinnung Bau 2006

2. Leistungsbild einer Örtlichen Bauaufsicht

Als Grundlage der Erläuterungen des Leistungsbildes einer örtlichen Bauaufsicht dienen die publizierten Leistungsbilder der Bundesinnung Bau „Leitfaden zur Kostenabschätzung von Planungsleistungen" ‚der Bundeskammer der Architekten und Ingenieurkonsulenten im besonderen Teil der „Honorarordnung für Architekten (HOA)" 2002/04 sowie in der „Honorarordnung für Architekten und Ingenieure (HOAI)".

2.1 Leistungsbild nach Leitfaden zur Kostenschätzung von Planungsleistungen[8]

In tabellarischer Form enthält der Leitfaden zur Kostenabschätzung von Planungsleistungen ein Leistungsbild für eine ÖBA. Es erfolgt eine Unterteilung in Grundleistung und in projektbezogenen optionalen Leistungen. Des Weiteren enthält die Tabelle einen Kommentar des Herausgebers. Siehe Anhang Tab. 2.

Die Aufgabenliste der Grundleistungen bezieht sich auf ein durchschnittliches Projekt und umfasst den allgemein erforderlichen Leistungsbogen, um ein Projekt zu dem dargelegten Ziel zu führen. Die Grundleistungen sind projektspezifisch für das jeweilige Bauvorhaben auszuwählen und gegebenenfalls anzupassen. Optionale Leistungen sind aufgrund ihres Umfanges in dieser Arbeit nur ansatzweise angeführt. Die Abwicklungswege eines Projektes sind dazu zu heterogen und die konkreten Anforderungen zu verschieden.

[8] Vgl Stempkowski, Mühlbacher, Rosenberger 2006, S.7 ff.

In jedem Fall ist zu beachten, dass der konkrete Vertrag mit dem AN entscheidend ist. Der Leitfaden ist also ohne Vertrag nicht wirksam, wohl aber bietet er Hilfestellung beim Erarbeiten konkreter Verträge.

Im Folgenden wird auf die einzelnen Punkte des Leitfadens genauer eingegangen:

2.1.1 Bauüberwachung und Koordination

Der erste Punkt beinhaltet Leistungen zur „Bauüberwachung und Koordination". Darunter versteht man die örtliche Interessensvertretung des Bauherren, das Ausüben des Hausrechtes, die Überwachung der Ausführung des Werkes auf Übereinstimmung mit den behördlichen Vorschreibungen und dem Bauvertrag, sowie die ordnungsgemäße Einhaltung der anerkannten Regeln der Technik und anderen einschlägigen Vorschriften.

Die örtliche Koordination der weiteren Vertreter des AG, sowie aller an der Ausführung beteiligten AN und Lieferanten sind ebenfalls in diesem Punkt geregelt, genau so wie die Abwicklung von Baubesprechungen und der Abruf von Regieleistungen.

Optionale Leistungen sind hier z.B. die generelle Einweisung der ausführenden Unternehmen sowie Zusatzleistungen im Rahmen von Ersatzvornahmen wie etwa bei Konkurs oder Verzug.

2.1.2 Termin- und Kostenverfolgung

Dieser Punkt regelt die Terminüberwachung und die Melde- und Hinweispflicht bei Terminüberschreitungen und das Mitwirken bei der Kostenüberwachung sowie die Melde- und Hinweispflicht bei einer Kostenabweichung.

2.1.3 Qualitätskontrolle

Die Überprüfung auf Plausibilität der in der Planung dargestellten Qualitätsstandards sowie die Qualitäts- und Maßkontrolle im Rahmen der Prüf und Warnpflicht nach ÖN B 2110 beschreiben die Grundleistungen einer ÖBA in diesem Punkt.

Optional ist die Durchführung von Messungen, Prüfungen und Untersuchungen wie etwa Gütenachweise oder Vermessungen, sowie die Werksabnahme bei den Herstellern und die Prüfung der Montage und anderer Ausführungen auf grundsätzliche Übereinstimmung mit dem Projekt.

2.1.4 Rechnungsprüfung

Der Punkt „Rechnungsprüfung" beschreibt die Prüfung sämtlicher Rechnungen auf der Baustelle, die Kontrolle der Aufmaßermittlung der ausgeführten Bauleistungen sowie die Prüfung und Anrechnung der geleisteten Regieleistungen. Die Feststellung der anweisbaren Teil- und Schlusszahlungen sind ebenfalls Bestandteil der Grundleistungen einer ÖBA.

2.1.5 Bearbeitung von Mehr- und Mindestkostenforderungen

Die Grundleistung einer ÖBA beinhaltet hier das Mitwirken bei der Behandlung von Mehr- und Mindestkostenforderungen, sowie die Erarbeitung von Grundlagen, die eine rasche

Entscheidung des Bauherren ermöglichen. Weiters übt die ÖBA hier eine Vermittlerrolle zwischen AN und Bauherr aus.

Optionale Leistungen bei der „Bearbeitung von Mehr- und Mindestkostenforderungen“ sind hier Verhandlungstätigkeiten mit den ausführenden Unternehmen, sowie die Zusammenstellung von Unterlagen für Rechtsstreitigkeiten und für die Claim-Abwehr.

2.1.6 Übernahme und Abnahme

Der Punkt „Übernahme und Abnahme“ beinhaltet das generelle Mitwirken bei der Abnahme der durchgeführten Bauleistungen, die Antragstellung auf behördliche Abnahme sowie die Teilnahme an den entsprechenden Verfahren der behördlichen Abnahme, das Mitwirken beim Übernahmeprozess und der Schlussfeststellung und die Prüfung der von den ausführenden Unternehmen zu erstellenden Dokumentation auf Vollständigkeit.

Die Ausarbeitung von Übergabeplänen im Maßstab 1:50, auf Grundlage der aktualisierten Ausführungsplanung mit entsprechenden Eintragungen der Haustechnik-Bestandsunterlagen, sowie die Mitwirkung bei der Antragstellung für die Benützungsbewilligung des Objektes sind optionale Leistungen der ÖBA.

2.1.7 Mängelfeststellung und -bearbeitung

Die Feststellung und entsprechende Zuordnung von Bauschäden während der Ausführungsphase, die Feststellung und Auflistung der Gewährleistungsfristen und das Feststellen von Mängeln beschreiben die Grundleistungen der ÖBA im Punkt „Mängelfeststellung und –bearbeitung“.

Als optionale Leistung seien die Überwachung der Behebung der bei der Abnahme festgestellten Mängel, die Feststellung und Zuordnung von Mängeln nach der Übernahme sowie eine entsprechende Objektbegehung zur Mängelfeststellung noch vor Ablauf der Gewährleistungsfrist um entsprechende Gewährleistungsansprüche gegenüber den ausführenden Unternehmen geltend zu machen, erwähnt.

2.1.8 Dokumentation

Zu diesem Punkt zählt die Aufzeichnung des Baugeschehens sowie das Mitwirken bei der Kostenfeststellung. Des Weiteren übt die ÖBA im gesamten Zeitraum ihres Wirkens eine Informations- und Archivierungsfunktion aus.

Das Erstellen von Kostenanalysen nach speziellen Vorgaben des AG, sowie das Berichtswesen an den AG stellen mit der Mitwirkung bei der Freigabe von Sicherheitsleistung optionale Leistungen dar.

2.1.9 Sonstige Teilleistungen

Bei Gefahr in Verzug hat die ÖBA das Recht eine temporäre Übernahme der Bauherrenkompetenzen durchzuführen.

2.2 Leistungsbild nach dem Leistungsbild Architektur[9] [10]

In der Honorarordnung der Architekten (HOA) 2002/04 wird im § 4 das Leistungsbild einer ÖBA beschrieben. In der Tab. 3 siehe Anhang sind sämtliche ÖBA Leistungen nach § 4 HOA 2002/04 in tabellarischer Form abgebildet. Für diese Arbeit wird in Anlehnung an die Honorarordnung für Architekten und Ingenieure (HOAI) und an den Kommentar zum Leistungsbild Architektur von Hans Lechner eine Gliederung in Leistungsphasen (LPH) vorgenommen. Tab. 4 siehe Anhang enthält diese Neuordnung, sämtliche ÖBA Leistungen sind in der LPH 8 zusammengefasst.

Im Folgenden wird auf die einzelnen Punkte der LPH 8 genauer eingegangen:

2.2.1 Örtliche Vertretung und Ausübung des Hausrechtes

Da der AG meist nicht kontinuierlich auf der Baustelle anwesend ist, übernimmt die ÖBA seine Interessensvertretung auf der Baustelle. Die ÖBA darf in diesen Fällen aber nicht als Schiedsrichterorgan zwischen AG und den ausführenden Unternehmen verstanden werden, wenngleich die geschlossenen Verträge und die darin enthaltenen Vorschriften diese Vermutung unterstützt. Es steht die Wahrnehmung der Interessen des AG im Vordergrund.

Die Hinweis- und Warnpflicht gegenüber dem AG und den Ausführenden bezieht sich auf zur Verfügung stehenden Unterlagen wie z.B. Pläne sowie Änderungen von Vertragsinhalten, Kosten und Terminen.

Der Begriff des Hausrechtes umfasst die Zurechtweisung der Mitarbeiter sämtlicher am Bau beteiligter Unternehmen. Besonderes Augenmerk ist hier auf Sicherheitsfragen und auf die Aufrechterhaltung der Baustellenordnung zu richten. Weiters umfasst das Hausrecht das Veranlassen von Zutrittskontrollen und Abschrankungen sowie die Verwaltung der ausgegebenen Schlüssel, der Lagerplätze und der Personal- und Sanitärcontainer.

2.2.1.1 Örtliche Überwachung der Herstellung des Bauwerkes

Die örtliche Überwachung der Herstellung des Werkes in Bezug auf Übereinstimmung mit den Ausführungsplänen, der Leistungsbeschreibung, der Baugenehmigung und den geschlossenen Verträgen sowie in Bezug auf die allgemein anerkannten Regeln der Technik stellt eine zentrale Aufgabe einer ÖBA dar. Weiters wirkt die ÖBA anleitend für den Gesamtablauf der Herstellung und koordinierend bezüglich der Tätigkeit der an der Bauüberwachung fachlich Beteiligten.

Die ÖBA wirkt hier ordnend um einen planungs- und termingerechten Ablauf aller Leistungen zu ermöglichen und bietet Hilfestellung bei der Erarbeitung von Lösungsvorschlägen für auf der Baustelle entstandene Probleme. Die Koordination und Integration der Fachbauleitungen ist jedoch nicht Aufgabe der ÖBA, sondern die der Architektenbauleitung, ebenso wie das grundsätzliche Verständnis für Funktionsart und Funktionsbedingung des Bauwerkes.

[9] Vgl Lechner 2008, S. 157 ff.
[10] Vgl HOA 2002/04

2.2.1.2 Überwachung auf Übereinstimmung mit den Plänen, Leistungsverzeichnissen und Verträgen – direkte Verhandlungstätigkeit

Unter Überwachung versteht man die laufende Qualitätskontrolle der aktuellen Gewerke sowie die Anweisungen an die Ausführenden zur bedungenen Qualitätsarbeit und die Dokumentation der Errichtungsmängel. Freilich aber stellt die ÖBA in diesem Fall keinen Ersatz für notwendige Führungsarbeiten und Eigenkontrollen des AN dar.

Weiters versteht man unter Überwachung auch die stichprobenartige Sammlung von Materialprüfungen, Zertifikaten und die Verwaltung der Zulassungsdokumente zur Dokumentation. Bei der Überwachung auf Einhaltung der technischen Regeln und der behördlichen Vorschreibungen gelten idR. schriftlich niedergelegte ÖNORMEN oder Regeln von Verbänden oder Herstellern.

Die direkte Verhandlungstätigkeit mit den ausführenden Unternehmen umfasst sowohl die Anleitung über die Zusammenschau der Unterlagen, die grundsätzliche Bauabsicht am Gewerk als auch die Interpretation von örtlichen Abweichungen. Nicht enthalten sind Ergänzungen von unvollständigen oder unpassenden Plänen oder Leistungsverzeichnissen, da die Grenzen der Verhandlungstätigkeit der ÖBA anhand der freigegebenen und geschlossenen Pläne abgegrenzt ist.

2.2.1.3 Örtliche Koordination aller Lieferungen und Leistungen - Baubesprechung

Die örtliche Koordination aller Lieferungen und Leistungen stellt einen Teilausschnitt der Gesamtkoordination dar, die bei der Projektsteuerung (PS) beginnt und der ÖBA als ordnende und den planungs- und termingerechten Ablauf überwachende Instanz zuzurechnen ist.

Die Tätigkeit durch die Leitung von Baubesprechungen umfasst die Durchführung und Protokollierung der periodisch angesetzten Baubesprechungen auf der Baustelle, die direkte Verhandlungsführung, den Schriftverkehr mit den ausführenden Unternehmen, die Aussendung aller Protokolle, die Agendenverwaltung aller Gewerke und die generelle Agendenverwaltung. Baubesprechungen sollten ausschließlich Fragen zur Umsetzung und die Koordination des Firmeneinsatzes beinhalten. Fehlende Lösungen lassen sich so leicht ansprechen.

„Folgende weitere Agenden[11] können als Teil der örtlichen Koordination betrachtet werden:

- *durchgehende Protokollierung der Baubesprechungen, gewerkeorientiert mit konkreten Anweisungen, Verfolgung der Termine, der Errichtungsmängel, ...*
- *Erstellen von Grundlagen für den Schriftverkehr des Auftraggebers,*
- *Einfordern der Nachweise und Aufzeichnungen der ausführenden Firmen, insbesondere zu den vertraglichen Anforderungen für Produktqualitäten, aber auch zu den Entsorgungs/Baurestmassen,*
- *die Erstellung einer Fotodokumentation für eventuelle Beweise, Darstellung des Standes der Arbeiten ist für das Bautagebuch wesentlich,*
- *aktive Zusammenarbeit mit dem Baustellenkoordinator nach BauKG [...]*

---

[11] Lechner 2008, S.166 f.

- *Monats/Quartalsberichte als Zusammenfassung zum Stand der Kosten, Termine, besondere Vorkommnisse, der offenen Entscheidung, fehlender Unterlagen, Verzüge, Qualitätssicherung mit einer Bewertung des Projektstandes."*

2.2.2. Kontrolle der Aufmaße – Prüfung aller Rechnungen

Im ersten Schritt werden alle Aufmaßpläne auf Richtigkeit überprüft. Als nächstes folgt die Übertragung der mit der aktuellen Rechnung neu hinzugekommenen Aufmaße in Aufmaßzusammenstellungen je Position des Auftrages. Im dritten Schritt erfolgt die Übertragung der dazugekommenen Aufmaße in die Gesamtmenge je Position und schließlich als vierter Schritt die eigentliche Rechnung, auf Basis des Hauptauftrages und aller Neben- bzw. Zusatzaufträge.

Bei der Prüfung aller Rechnungen auf Richtigkeit sowie Vertragsmäßigkeit ist auf die Einhaltung der zugrundeliegenden Fristen und auf die sachliche Richtigkeit aus Normen und der Vertragslage zu achten. Voraussetzung für das Prüfen und Freigeben von Rechnungen zur Zahlung ist immer das Vorliegen der dazu erforderlichen Unterlagen. Diese können Pläne, Feldaufmaßblätter, Rechnungen, Leistungsmeldungen oder bisher geleistete Abschlagzahlungen sein. Bei fehlenden Unterlagen sind diese nachzufordern. Bei nicht prüfbaren Rechnungen ist die Prüffrist bis zum Zeitpunkt des Nachreichen der fehlenden Unterlagen auszusetzen. Der auszuführende Unternehmer ist darüber selbstverständlich zu informieren.

Bei der Prüfung von Schlussrechnungen mit abschließender Zahlungsfreigabe bedarf es erhöhter Vorsicht und Genauigkeit, da das Vorhaben rechnungstechnisch abgeschlossen wird. Eventuelle Rückforderungen sind äußerst arbeitsaufwendig und selten erfolgreich.

2.2.3 Feststellen der anweisbaren Zahlungsbeträge und der Sicherheiten

Dieser Punkt umfasst neben der Prüfung von Aufmaßen und Rechnungen auch die verantwortungsvolle Dokumentation von allen Teilzahlungen und Rechnungsläufen unter Mitwirkung des AG, in Bezug auf abweichende Zahlungen einzelner Rechnungen.

Das Feststellen der Sicherheiten (Deckungsrücklass und Haftungsrücklass) bedeutet zum einen die Vermeidung von Überzahlungen und die Evaluierung der offenen Mängel in die Freigabe der Auszahlungen, aber auch die laufende Kontrolle der Sicherheitseinbehalte, auf Basis geschlossener Verträge.

2.2.4 Kostenfeststellung

Die Kostenfeststellung, z.B. nach ÖN B 1801-1 ist eine wesentliche Tätigkeit einer ÖBA. Diese ist nicht nur am Ende des Projektes, sondern durch laufendes Protokollieren von Rechnungs- und Zahlungsständen aktuell zu führen. Die Kostenfeststellung bietet im Vergleich mit vorherigen Ermittlungen wie Kostenschätzung, Kostenberechnung und Kostenanschlag einen statistischen Rahmen für künftige Projekte.

„Für die Kostenfeststellung[12] sind folgende Prüfraster anzuwenden:

---

[12] Lechner 2008, S.175.

- *sind alle Auftraggeber, Gewerke, Leistungen enthalten?*
- *sind alle Hauptaufträge und zugehörigen Nachträge aufgeführt?*
- *sind alle sonstigen Leistungen deklariert, für die kein Vertrag erstellt wurde (wie z.B. Regieleistungen, mündliche Beauftragungen usw.)?*
- *ergibt sich aus den Unterlagen schlüssig, dass die jeweiligen Leistungen vollständig abgerechnet wurden und mit Nachforderungen mit mehr gerechnet werden muss; Schlusszahlungen wurden im Sinne ÖNORM B 2110 Ziff. 5.30.2 vorbehaltlos angenommen?*
- *Welche Forderungen sind noch offen oder gar strittig, welche Leistungen wurden gar nicht in Rechnung gestellt?"*

Im zweiten Schritt der Kostenfeststellung werden die Rechnungsunterlagen und Verträge, die beim AG vorliegen, überprüft. Differenzen werden aufgeklärt.

Im dritten Schritt wird überprüft, ob die Gliederung der Kostenfeststellung den üblichen oder besonderen vertraglichen Vorgaben entspricht.

2.2.5 Aufstellen und Überwachen des Zeitplanes für die Abwicklung

Die Aufstellung und Überwachung des Zeitplanes soll das ineinander verschachtelte Zusammenwirken sämtlicher Planungs- und Bauleistungen unter Einbindung aller Fachbereiche darstellen. Eine qualifizierte Vorarbeit, sowie das Mitwirken der Planer, Fachplaner und der Fachbauleitungen sind dafür Voraussetzung.

Die im Ausführungsterminplan eingetragenen Termine definieren die Fälligkeit sämtlicher Leistungen und sind damit wichtig für die Verträge und für eventuelle Ansprüche die aus Verzug entstehen. Auf eine Reihe von Agenden, welche in der Ausführungsterminplanung anzusetzen sind, wird hier nicht näher eingegangen.

Die korrekte Fortschreibung des Zeitplanes, eine weitere zentrale Grundleistung der ÖBA, geschieht immer unter Mitwirkung der Fachplaner, die für die von ihnen spezifischen (Bau-) Leistungen Verantwortung tragen.

Sollte eine Überschreitung von Einzelterminen unabwendbar sein, so hat die ÖBA dies dem AG mit einer Darlegung der Gründe und eventuellen Gegenmaßnahmen schriftlich mitzuteilen. Die Anpassung der Detailterminpläne erfolgt dann mit dem AG/der PS.

Die Terminkontrolle umfasst die gewerkorientierte und zielorientierte Umgliederung der Termine und Fristen in eine Terminkartei (Fristenbuch), um die in der Baubesprechung, im Schriftverkehr und in den Vertragsterminplänen festgelegten Fristen und Termine überprüfen zu können.

2.2.6 Führen des Bautagebuches

Unter der Führung eines Bautagebuches versteht man die Dokumentation von wesentlichen Vorkommnissen und der Umstände der Leistungserbringung auf der Baustelle. Durch rechtserheblichen Schriftverkehr, Formularbeiträge der ausführenden Firmen und Planservereinträge wurde die Führung des Bautagebuches im Laufe der Zeit erweitert. Das

Bautagebuch ist als komplexe Gesamtzusammenschau von rechtserheblichen, bauwirtschaftliche- zeitrelevanten Festhaltungen zu verstehen.

2.2.7 Abnahme von Bauleistungen – Feststellung von Mängeln

Unter Mitwirkung der an der Planung und Bauaufsicht fachlich Beteiligten sind technische Vorabnahmen im Vorfeld durchzuführen. Eine im Werkvertrag vereinbarte Leistung sollte grundsätzlich förmlich abgenommen werden. Solch förmliche Übernahmen werden vom AG selbst durchgeführt, da es sich hier um ein Rechtsgeschäft handelt. Das Mitwirken der ÖBA besteht in diesem Punkt in der Unterstützung des AG durch das Feststellen der Voraussetzungen für die Abnahme und deren Vorbereitung aber auch in der Mitunterzeichnung des Abnahmeprotokolls.

Voraussetzung für eine Abnahme ist, dass die vertragliche Leistung des AN erbracht wurde. Teilabnahmen sollten ausgeschlossen werden, außer diese werden vom AG ausdrücklich schriftliche erwünscht. Bestandspläne, Schaltbilder, Prüfatteste, Bedienungs- und Pflegeanleitungen, Handbücher für alle technischen Anlagen, Ersatzteillisten und einzelne vertraglich vereinbarte Nachweise sind bei der Abnahme an den AG zu übergeben.

„Die Feststellung von Mängel umfasst[13]*:*

- *Durchgehende Dokumentation bestehend aus Erhebung, Meldung, Behandlung, Abschluss der Mängel,*
- *Klassifizierung in behebbare, unbehebbare, wesentliche und unwesentliche Mängel,*
- *Fristenverwaltung, Mahnwesen,*
- *Vorschläge für Preisminderung für geminderte Qualität,*
- *Berechnung der Preisminderung für unbehebbare Mängel am Objekt."*

Beim Auftreten von wesentlichen Mängeln oder bei ungenügend fertig gestellten Teilen der Leistung kann die Abnahme durch den AG verweigert werden. In solchen Fällen muss nach Beseitigung der Mängel die Abnahme erneut beantragt werden. Auch Mängelbeseitungsarbeiten werden in der Regel förmlich abgenommen. Eine Preisminderung kann der AG nur dann fordern, wenn die Mängelbeseitigung unmöglich oder für den AN mit einem unverhältnismäßig hohem Aufwand verbunden ist. Weiters auch dann, wenn die Mängelbeseitigung für den AG mit erheblichen Unannehmlichkeiten verbunden wäre oder aus anderen triftigen Gründen unzumutbar wäre.

Die ÖN B 2110 regelt die Verweigerung der Übernahme[14] wie folgt:

„Die Übernahme kann nur dann verweigert werden, wenn die Leistung Mängel aufweist, welche den vereinbarten Gebrauch wesentliche beeinträchtigen oder das Recht auf Wandlung begründen oder wenn die die Leistung betreffenden Unterlagen, deren Übergabe zu diesem Zeitpunkt nach dem Vertrag zu erfolgen hat (z.B. Bedienungsanleitungen und Prüfungsanleitungen, Pläne, Zeichnungen), dem AG nicht übergeben worden sind. [...]

[13] Lechner 2008, S.182.
[14] ÖN B 2110 2009, S.37.

Verweigert der AG die Übernahme der Leistung, hat er dies dem AG unverzüglich unter Angabe der Gründe schriftliche mitzuteilen. Der AN hat nach Behebung der berechtigt gerügten Mängel den AG erneut schriftlich zur Übernahme aufzufordern."

Auch die Feststellung von Gewährleistungsfristen gehört zum Leistungsbild einer ÖBA. Die sich aus den Verträgen ergebenden Gewährleistungsdaten werden in übersichtlichen Tabellen von der ÖBA an den AG übergeben.

2.2.8 Antrag auf behördliche Abnahme und Teilnahme an entsprechenden Verfahren

Im Zusammenwirken mit den Fachbauaufsichten und den Planern und nach Prüfung aller Auflagen der Baugenehmigung und der Bauordnungen und der in Begleitregeln festgehaltenen Bedingungen, stellt die ÖBA den Antrag auf behördliche Abnahme.

2.2.9 Übergabe des Bauwerkes an den Auftraggeber

Die Vorgänge aus den Punkten 2.2.7, 2.2.8 und 2.2.9 sollten uno acto zusammengeführt werden, sodass Abnahme und Übernahme quasi zusammenwachsen, zumal die ÖBA in der Regel keine Vollmacht für rechtsgeschäftliche Abnahmen zugrunde liegen.

Die Übergabe umfasst nicht nur die Objekte und Anlagen, sondern auch die Übergabe aller, von den ausführenden Firmen vertragsgemäß zu erstellenden Unterlagen für den Betrieb und aller Unterlagen der Bauabwicklung wie etwa den relevanten Schriftverkehr der ÖBA, Bescheide, Befunde, Messprotokolle, Qualitätsnachweise, Pläne, Prüfunterlagen, Wartungs-, Instandhaltungs-, oder Pflegeangaben, Abnahmeprotokolle.

2.2.10 Überwachung der Beseitigung der bei der Abnahme festgestellten Mängel

Dabei handelt es sich um die abschließende Leistung der ÖBA. Die Betreuung sollte eine dem Bauwerk adäquate Nachlaufzeit von 3-6 Monaten aus Kostengründen nicht überschreiten.

3. Anhang

3.1 Quellenverzeichnis

Bauer, F.: Die ÖBA aus Sicht des Auftraggebers, In: Tagungsband 2009 – Örtliche Bauaufsicht, Objektüberwachung, Firmenbauleitung. Hg. Lechner, H., Heck, D., Verlag der Technischen Universität Graz, Graz (2009)

Bundeskammer der Architekten und Ingenieurkonsulenten: Honorarordnung für Architekten - HOA 2002/04

Lechner, H.: Kommentar zum Leistungsbild Architektur. Verlag der Technischen Universität Graz, Graz (2008)

Liebenau, S.: Organisationsformen der örtlichen Bauaufsicht, In: Tagungsband 2009 – Örtliche Bauaufsicht, Objektüberwachung, Firmenbauleitung. Hg. Lechner, H., Heck, D., Verlag der Technischen Universität Graz, Graz (2009)

Oberndorfer, W., Jodl, H. G.: Handbuch der Bauwirtschaft. ON Österreichisches Normungsinstitut, Wien (2001)

ÖN B 2110 – Allgemeine Vertragsbestimmungen für Bauleistungen. ON Österreichisches Normungsinstitut, Wien (2009)

Stempkowski, R., Mühlbacher, E., Rosenberger, R.: Leitfaden zur Kostenabschätzung von Planungsleistungen, Band 3 – ÖBA - Örtliche Bauaufsicht. Eigenverlag Bundesinnung Bau, (2006)

Ziviltechnikergesetz 1993 – ZTG, BGBl. Nr. 156/1994 i.d.F. BGBl. I Nr. 137/2005

3.2 Abbildungen und Tabellen

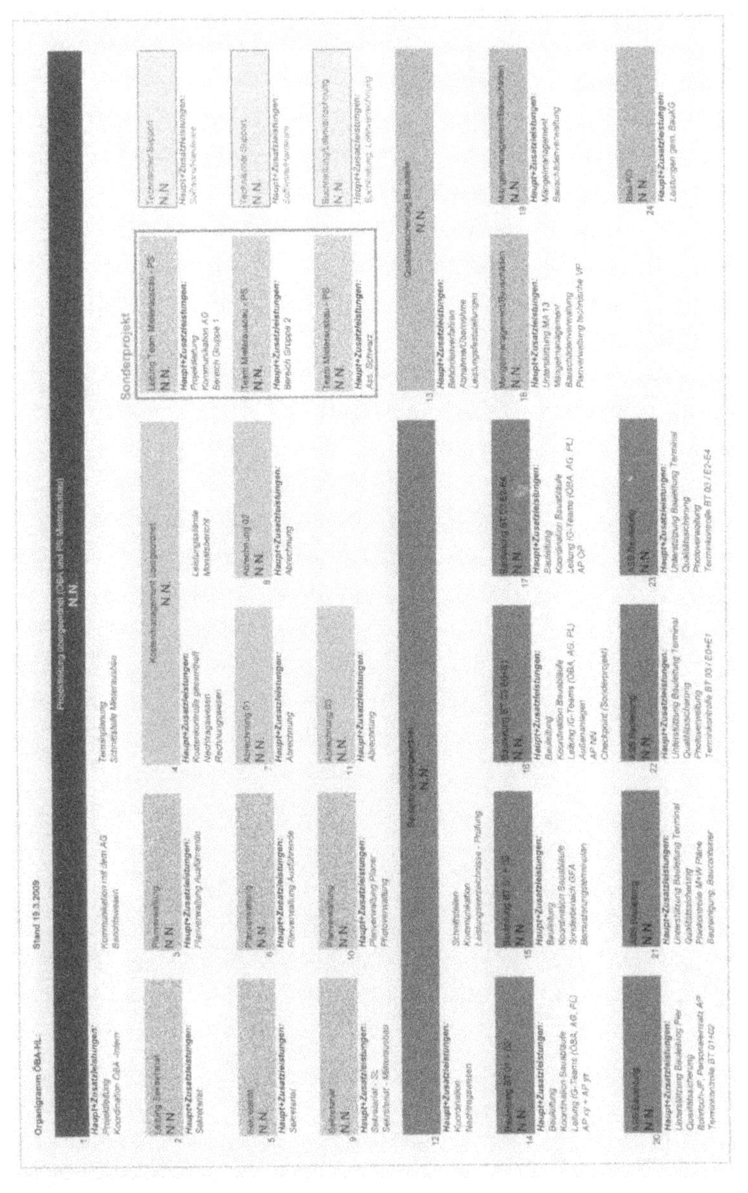

Abb. 2: Aufgabenorientiertes Organigramm einer ÖBA. Tagungsband 2009 Örtliche Bauaufsicht Objektüberwachung Firmenbauleitung, TU Graz 2009

Grundleistung (GL)	optionale Leistung (Opt.L)	Kommentar
1. Bauüberwachung und Koordination		
1.1. Örtliche Vertretung der Interessen des Bauherrn.		
1.2. Ausübung des Hausrechtes.		GL: u.a. Vertretung nach außen, Aufrechterhaltung von Ruhe, Anstand und Ordnung, Schlichtung im Anlassfall, Ansprechpartner für Dritte.
1.3. Überwachen der Ausführung des Werkes auf Übereinstimmung mit den behördlichen Vorschreibungen und dem Bauvertrag inkl. Ausführungspläne und Leistungsbeschreibung nach den anerkannten Regeln der Technik und den einschlägigen Vorschriften.		
1.4. Örtliche Überwachung der Herstellung des Bauwerkes koordinierend bezüglich der Tätigkeiten der anderen an der Bauüberwachung fachlich Beteiligten.		GL: z.B. mit Projektleitung, Projektsteuerung, Begleitende Kontrolle
1.5. Örtliche Koordination der Vertreter des AG, aller AN und aller Lieferungen und Leistungen mit dem Ziel des ungestörten Zusammenwirkens aller an einem Bauprojekt Beteiligten.		
1.6. Besprechungsabwicklung		GL: Vorbereitung, Leitung und Protokollierung der relevanten Besprechungen.
1.7. Abruf von Regieleistungen.		GL: Art und Umfang (z.B. Obergrenze) ist vom AG im Rahmen des Vertrages explizit zu regeln.
	Änderung von Arbeitsergebnissen (Teilergebnissen) aufgrund geänderter Anforderungen bzw. aus anderen Umständen, die die ÖBA nicht zu vertreten hat.	Opt.L: z.B. auch Mehraufwände aufgrund nicht vorhersehbarer eigener Forcierungsmaßnahmen bzw. Mehrkosten aufgrund von Leistungsverdünnung.
	Zusatzleistungen im Rahmen von Ersatzvornahmen (z.B. bei Konkurs, Verzug).	
	Generelle Einweisungen der ausführenden Unternehmen.	
2. Termin- und Kostenverfolgung		
2.1. Terminüberwachung (Soll-Ist-Vergleich) mit Melde- und Hinweispflicht bei Terminüberschreitungen.	Erstellung der Detailterminpläne in Abstimmung mit den ausführenden Unternehmen und den anderen an der Bauüberwachung fachlich Beteiligten.	GL: Erstellung des Terminplanes liegt nicht in ÖBA-Sphäre, Überschneidung mit Leistungen anderer Leistungsgruppen.
2.2. Mitwirkung bei der Kostenüberwachung (Liefern von entsprechenden Daten).	Durchführung der Kostenüberwachung (Soll-Ist-Vergleich) mit Melde- und Hinweispflicht bei Abweichungen.	
3. Qualitätskontrolle		
3.1. Plausibilitätsüberprüfung der in der Planung dargestellten Qualitätsstandards.		
3.2. Qualitäts- und Maßkontrolle im Rahmen einer Prüf- und Warnpflicht.		
	Durchführung von Untersuchungen, Messungen und Prüfungen (z.B.	

	Gütenachweise, Vermessung).	
	Überwachung und Detailkorrektur beim Hersteller (Werksabnahme).	
	Prüfung der Ausführungs- bzw. Montagepläne der ausführenden Unternehmen auf grundsätzliche Übereinstimmung mit dem Projekt.	
4. Rechnungsprüfung		
4.1. Kontrolle der Aufmaßermittlung und -zusammenstellung (z.B. Aufmaßblätter) der ausgeführten Bauleistungen.		
4.2. Prüfung der Rechnungen.		GL: Prüfung auf Übereinstimmung mit dem Vertrag hinsichtlich der Vergütungsberechtigung (Prüfung dem Grunde nach)
		Prüfung auf Richtigkeit hinsichtlich des Vergütungsumfanges (Prüfung der Höhe nach), inkl. Leistungsabgrenzung von teilweise ausgeführten Leistungen bzw. Überprüfung auf Vollständigkeit.
		formale Überprüfung (inkl. Einhaltung von Fristen).
		Nachprüfung der Preisumrechnung bei vereinbarten veränderlichen Preisen.
4.3. Prüfung und Anrechnung von Regieleistungen.		GL: Überprüfung des Ausmaßes der Regieleistungen analog zu den Bauleistungen hinsichtlich Vergütungsberechtigung und -umfang.
4.4. Feststellen der anweisbaren Teil- und Schlusszahlungen.		
5. Bearbeitung von Mehr- und Minderkostenforderungen		
5.1. Mitwirkung bei der Behandlung von Mehr- und Minderkostenforderungen.		GL: Überprüfung formal (z.B. Anmeldung), dem Grunde nach und der Höhe nach.
5.2. Mitwirkung bei der Erarbeitung von Grundlagen für das rasche Herbeiführen einer Entscheidung des Bauherrn und bei der Vermittlung zwischen AN und Bauherr.	Verhandlungstätigkeit mit den ausführenden Unternehmen.	
	Zusatzleistungen für die Aufbereitung von Unterlagen für Rechtsstreitigkeiten und Claim-Abwehr.	
6. Übernahme und Abnahmen		
6.1. Mitwirkung bei der Abnahme der Bauleistungen.		GL: in Abstimmung mit den an der Planung und Bauüberwachung fachlich Beteiligten.
6.2. Antrag auf behördliche Abnahmen.		
6.3. Teilnahme an entsprechenden Verfahren der behördlichen Abnahme.		
6.4. Mitwirkung bei der Übernahme und Schlussfeststellung.		
6.5. Prüfen der von den ausführenden		

Unternehmen zu erstellenden Dokumentation auf Vollständigkeit.		
	Mitwirkung bei der Antragstellung auf Benützungsbewilligung bzw. Ausstellung einer Bestätigung an die Baubehörde über die bewilligungsgemäße und den Bauvorschriften entsprechende Bauausführung vor Benützung des Objektes (Fertigstellungsanzeige).	
	Ausarbeitung von Übergabeplänen im M 1:50 auf Grundlage der aktualisierten Ausführungsplanung mit Eintragung der Haustechnik-Bestandsunterlagen unter Verwendung der von anderen an der Planung fachlich Beteiligten bzw. ausführenden Firmen beigestellten Grundlagen.	
7. Mängelfeststellung und -bearbeitung		
7.1. Feststellung und Zuordnung von Bauschäden während der Bauphase.		
7.2. Feststellung und Auflistung der Gewährleistungsfristen.		
7.3. Feststellung von Mängeln.		
	Überwachung der Behebung der bei der Abnahme der Bauleistungen festgestellten Mängel.	
	Feststellen und Zuordnung von Mängeln nach der Übernahme.	
	Objektbegehung zur Mängelfeststellung vor Ablauf der Verjährungsfrist der Gewährleistungsansprüche gegenüber den bauausführenden Unternehmen.	
	Überwachung der Beseitigung von Mängeln, die innerhalb der Verjährungsfrist der Genehmigungsansprüche, längstens jedoch bis zum Ablauf von fünf Jahren seit Abnahme der Bauleistungen auftreten.	
8. Dokumentation		
8.1. Aufzeichnung des Baugeschehens.		GL: z.B. Führung des Baubuches, Fotodokumentation, Planlisten.
8.2. Informations- und Archivierungsfunktion.		GL: z.B. Informationsweitergabe, ordnungsgemäße Archivierung von gesammelten Daten und Informationen.
8.3. Mitwirkung bei der Kostenfeststellung.	Erstellen der Kostenfeststellung und von Kostenanalyse nach speziellen Anforderungen des Auftraggebers.	
	Berichtswesen an den Auftraggeber.	GL: z.B. Quartalsberichte, Schlussbericht.
	Dokumentationen nach speziellen Vorgaben des Auftraggebers.	
	Mitwirkung bei der Freigabe von Sicherheitsleistungen.	

9. Sonstige Teilleistungen		
9.1. Gefahr in Verzug: Temporäre Übernahme der Bauherrnkompetenzen.		GL: Informationspflicht gegenüber der Projektleitung.
	Bauführung	Opt.L: im Sinne der landesrechtlichen Bauregelungen und -normierungen.

Tab. 2: Leistungsbild einer ÖBA. Leitfaden zur Kostenabschätzung von Planungsleistungen, Band 3 – Örtliche Bauaufsicht (ÖBA); Bundesinnung Bau 2006

1. Örtliche Vertretung der Interessen des Bauherrn einschließlich der Ausübung des Hausrechtes auf der Baustelle. 2. Aufstellung und Überwachung der Einhaltung des Zeitplanes für die Gesamtabwicklung der Herstellung des Bauwerkes 3. Örtliche Überwachung der Herstellung des Bauwerkes, leitend für den Gesamtablauf sowie koordinierend bezüglich der Tätigkeit der anderen an der Bauüberwachung fachlich Beteiligten (Sonderfachleute) gemäß § 2 Abs. 6, insbesondere mit nachstehenden weiteren Teilleistungen: 4. Überwachung auf Übereinstimmung mit den Plänen, Leistungsverzeichnissen, Verträgen und Angaben aus dem Bereich der künstlerischen und technischen Oberleitung, auf Einhaltung der technischen Regeln und der behördlichen Vorschreibungen 5. Direkte Verhandlungstätigkeit mit den ausführenden Unternehmen 6. Örtliche Koordination aller Lieferungen und Leistungen 7. Kontrolle der für die Abrechnung erforderlichen Aufmessungen 8. Prüfung aller Rechnungen auf Richtigkeit und Vertragsmäßigkeit 9. Führung des Baubuches 10. Abnahme der Bauleistungen unter Mitwirkung der an der Planung und Bauüberwachung fachlich Beteiligten (Sonderfachleute) mit Feststellung von Mängeln und Gewährleistungsfristen 11. Antrag auf behördliche Abnahmen und Teilnahme an den entsprechenden Verfahren 12. Übergabe des Bauwerkes an den Bauherrn 13. Die Überwachung der Behebung der bei der Abnahme der Bauleistungen festgestellten Mängel	

ist in § 5 (2) Z 14 geregelt	

Tab. 3: Leistungsbild einer ÖBA nach § 4. HOA 2002/04; Bundeskammer der Architekten und Ingenieurkonsulenten 2002/04

Grundleistungen örtliche Bauaufsicht	Optionale Leistungen
1. Örtliche Vertretung der Interessen des Bauherren einschließlich der Ausübung des Hausrechtes auf der Baustelle 1.1. Örtliche Überwachung der Herstellung des Bauwerkes, leitend für den Gesamtablauf sowie koordinierend bezüglich der Tätigkeit der anderen an der Bauüberwachung fachlich Beteiligten, insbesondere mit nachstehenden weiteren Teilleistungen: 1.2. Überwachung auf Übereinstimmung mit den Plänen, Leistungsverzeichnissen, Verträgen und Angaben aus dem Bereich der künstlerischen Oberleitung, auf Einhaltung der technischen Regeln und der behördlichen Vorschreibungen, direkte Verhandlungstätigkeit mit den ausführenden Unternehmen 1.3. Örtliche Koordination aller Lieferungen und Leistungen 2. Kontroller der für die Abrechnung erforderlichen Aufmessungen und Prüfung aller Rechnungen auf Richtigkeit und Vertragsmäßigkeit, sowie die dafür erforderlichen Verhandlungen 3. Feststellen der anweisbaren Teil- und Schlusszahlungen sowie Sicherheiten 4. Kostenfeststellung (z.B. nach ÖN B1801-1) 5. Aufstellung, Überwachung und Fortschreibung des Zeitplanes für die Abwicklung der Herstellung des Bauwerkes 6. Führung des Baubuches 7. Abnahme der Bauleistungen unter der	1. Änderung von Arbeitsergenissen (Teilergebnissen) aus Umständen, die der Planer nicht zu vertreten hat 2. Aufstellung, Überwachung und Fortschreiben von differenzierten Zeit-, Kosten- oder Kapazitätsplänen 3. Mitwirken an der Claimabwehr

Mitwirkung der an der Planung und Bauüberwachung fachlich Beteiligten (Sonderfachleute) mit Feststellung von Mängeln und Gewährleistungsfristen 8. Antrag auf behördliche Abnahme und Teilnahme an den entsprechenden Verfahren 9. Übergabe des Bauwerkes an den Bauherren 10. Überwachung der Beseitigung der bei der Abnahme der Leistungen festgestellten Mängel	

Tab. 4: Leistungsbild einer ÖBA – LPH 8. Kommentar zum Leistungsbild Archtektur; TU Graz 2008

Lightning Source UK Ltd.
Milton Keynes UK
UKHW040638020323
417918UK00004B/230